恐龙小Q

四季的变化 夏

科普认知绘本

谢茹·文　高凯·图

天 地 出 版 社 | TIANDI PRESS

立夏

夏天到啦！小青蛙呱呱叫着，开始在田间觅食；天气渐渐变热，小蚯蚓也忍不住爬出来透气；爬藤植物——王瓜，也开始迅速生长起来。

夏天来到，万物繁茂，田里的杂草也长得很快。农民伯伯们挥舞着锄头，开始努力锄草。

"爷爷，您也吃，您也吃！"

人们认为，在立夏日吃鸡蛋，能保夏日平安，还能预防暑天常见的食欲不振、身体疲倦、消瘦等苦夏症状。

立夏前后，农民伯伯们开始早稻插秧。

小满

小满动三车，忙得不知他。

水车

在江南地区，小满时，田里的庄稼需要大量的水分，才能更好地生长。于是农民伯伯们就踏着水车，不停地向田里供水。

油车

油菜籽此时已经收获了，农人们用油车榨出了清香的菜籽油。

丝车

小满前后，蚕宝宝开始结茧了，养蚕人家都忙着摇动丝车缫丝。

小满时，苦菜生长得很茂盛，地上的靡草却在强烈的光照下渐渐枯死了。虽然现在是夏天，小麦却已经变成了金黄色，麦田里金灿灿的，煞是好看。

芒种

"有芒的麦子快快收，有芒的稻子可以种。"到了芒种时节，农民们纷纷忙碌起来，有的热火朝天地收麦子，有的辛勤地播撒稻种。

去年深秋留下的螳螂卵，变成了一只只小螳螂。螳螂们善于捕食害虫，是农民伯伯的好帮手。

芒种时节，反舌鸟悄悄停止了鸣叫。

"花神姐姐，明年见！"

芒种时，伯劳鸟在枝头叽叽喳喳地叫个不停。许多花儿开始凋零，人们在此时举行"送花神"的仪式，来表达对花神的感激，并且期盼明年与花神再相见。

夏至

夏至日当天，北半球各地白天的时间达到全年最长。
夏至时节的午后到傍晚，经常会有雷阵雨。

雷阵雨是一种天气现象，它出现时常伴有狂风、电闪雷鸣，雨势比阵雨剧烈很多，但是来得快，去得也快，降雨范围较小，常见于夏季。

"雷阵雨要来了，快进屋！"

夏至时，一些地方有吃面的习俗。过了夏至日，北半球白天的时间将会逐渐缩短，因此有"吃过夏至面，一天短一线"的说法。

15

蝉儿们趴在树上鸣唱，半夏在潮湿阴凉的地方开始生长，池塘里的荷花也开放了，随微风飘来阵阵清香。

"暑"是炎热的意思，"小暑"就是小热，代表着天气开始炎热，但还没有到最热的时候。这时，空气中热浪滚滚，小蟋蟀会偷偷躲到墙角的阴凉处避暑。

游伏游伏，有福有福！许多地方的人们在夏季初伏的第一天，都会出门游玩，欣赏大自然美丽的景色。

大暑

大暑是一年中最热的时期，此时气温最高，农作物生长的速度最快。空气中一丝凉风也没有，太阳火辣辣地炙烤着大地。

"哦——游泳去喽！"

　　大暑时，萤火虫们破蛹而出。夜晚，小萤火虫提着小灯笼在草丛里飞来飞去。此时的土壤很湿润，踩在上面容易留下清晰的印记。

哗啦啦——哗啦啦——
下吧，下吧！夏天走了，秋天就要来啦！

暑末时，天空中经常会下起瓢泼大雨，气温开始下降，天气开始向凉爽的秋天过渡。

图书在版编目（CIP）数据

夏 / 谢茹文；高凯图. —— 成都 ：天地出版社，
2019.4
（四季的变化 ：科普认知绘本）
ISBN 978-7-5455-4713-9

Ⅰ．①夏… Ⅱ．①谢… ②高… Ⅲ．①二十四节气－
儿童读物 Ⅳ．①P462-49

中国版本图书馆CIP数据核字(2019)第047880号

XIA

夏

出 品 人　杨　政

著　　者　谢　茹

绘　　者　高　凯

责任编辑　李　倩

装帧设计　许丽娟

责任印制　田东洋

出版发行　天地出版社
　　　　　（成都市槐树街2号　邮政编码：610031）

网　　址　http://www.tiandiph.com

电子邮箱　tiandicbs@vip.163.com

印　　刷　小森印刷（北京）有限公司

版　　次　2019年4月第1版

印　　次　2019年4月第1次印刷

成品尺寸　215mm×280mm　1/16

印　　张　2

字　　数　20千

总 定 价　68.00元（全4册）

书　　号　ISBN 978-7-5455-4713-9

咨询电话：（028）87734639（总编室）